TOKYODO OSHARE SERIES

帽子からはじめるオシャレ

Tsukie Izuhara
伊豆原 月絵

東京堂出版

まえがき

帽子をかぶりたい。かぶってみたい。でもどのような帽子が自分に似合うかわからない。この頃街でおしゃれな帽子たちがちょっと気になりませんか。たしかに帽子は夏の強い紫外線からお肌を守ってくれるし、冬の北風吹いて寒いときは、ほんとうに暖かい。でも暑さ寒さをしのぐための実用の帽子ではなく、おしゃれに変身するために、気分を変えて楽しむために帽子をかぶってみませんか。

そこで、新しい帽子を買う前に少しのお節介。さてその後は、あなたの知恵とセンスで愉しんでください。

帽子をかぶるといつもの洋服が違ってみえ、断然おしゃれ度がアップします。寒いからかぶっていたニットキャップも自分の顔型にあわせて一工夫してみましょう。なんていったって、帽子は面白い。こうなると帽子をかぶらないなんて、物足りなく感じるはずです。

伊豆原月絵

Contents

まえがき ……………………………………………………… 1

Chapter 1.
帽子いろいろ —こんなにあるの— ……………… 6

1. ハットとキャップ ………………………………………… 8
2. いつでもどこでも ………………………………………… 10
    ベレー――10
    キャスケット――12
    ケ ピ――14
    ハンティング――16
    ウォッチキャップ――18
    カプリーヌ――20
3. ちょっとおすまし —おしゃれな帽子たち— ………… 22

Chapter 2.
かぶりたい帽子が一番！ ……………………………… 28

1. まずはかぶってみよう ………………………………… 30
    あみだ――30
    水 平――31
2. はじめて選ぶとき ……………………………………… 32
3. 帽子は形も大切 ………………………………………… 34
    クラウンの形と幅――35
    ブリムの大きさ――35
    ❖顔の形別　似合う帽子のヒント――36

4. TPOもいろいろ —季節や作りで選ぶ帽子— ・・・・・・・・・・・・・・・・・・・・・・38
　春・夏・秋・初冬の帽子————38
　春・夏・盛夏・初秋の帽子————40
　秋・冬・初春の帽子————42
5. あなたにあった帽子のサイズ —帽子別サイズの測り方—
　水平に測る————44
　斜め(あみだ)に測る————45
6. ちょっと実践 —かぶり方でこんなに違いが— ・・・・・・・・・・・・・・・・48
　ベレーをかぶってみる————48
　ニットキャップをかぶってみる————50
　タモシャンターをかぶってみる————51
　キャスケットをかぶってみる————52
　紳士の夏帽子をかぶってみる————53
　チロリアンをかぶってみる————54
　紳士の冬帽子をかぶってみる————55
　ブレードをかぶってみる————56
　夏用の帽子をかぶってみる————57
　カサブランカをかぶってみる————58
　ブルトン・セーラーをかぶってみる————59
　トーク・ターバンをかぶってみる————60
　変わった帽子をかぶってみる————61
7. 忘れてはいけない…色選びの1，2，3 ・・・・・・・・・・・・・・・・・・・・・62
　色で軽やかさを演出————62
　顔を小さく見せる色————64
　シックにエレガントに————66
　自分の肌の色にあわせて————68
　優しい色合い優しい顔立ち————70

ブラウン系もいろいろ────72
二つめ三つめは色の冒険を────74
洋服を引きしめる────76
羽の色やリボン紐の色まで────78

Chapter 3.
お隣さんにちょっと差をつけちゃおう……80

1.『ヴォーグ』でおしゃれのヒントを………………………82
　　column❶　帽子のエチケット　室内で帽子は脱がなくてよい理由…88
2. ファッションプレートからエレガントを…………………90
　　column❷　帽子のエチケット　帽子としぐさ……………96

Chapter 4.
帽子をさらに楽しむために……………98

1. ちょっとクラシックな帽子たち………………………100
　　カプリーヌ／カプリン────100
　　カサブランカ────101
　　トーク①────102
　　トーク②────103
　　ピルボックス────104
　　ターバン────105
　　ボンネット／ボネ────106
　　ブルトン────108

セーラー————109
　　　クロッシェ／クローシェ————110
　　　シャスール————111
　　　ソンブレロ————112
　　　テンガロンハット————113
　　　チロリアン・ハット————114
　　　ホンブルグ・ハット————115
　　　ポークパイ————116
　　　ソフトハット／ソフト帽／ボルサリーノ————117
　　　キャノチエ／ボーダー————118
　　　パナマ・ハット／パナマ帽————119
　　　ハンティング／鳥打帽————120
　　　ベレー————121
　　　ビーバー・ハット／トップハット————122
　　　ボウラーハット／山高帽————123
　　　column❸　帽子のエチケット
　　　　　　　女性が帽子を脱がなくてはいけない場合 ……………126
2. お気に入りの帽子を長く綺麗に－お手入れの方法 ………………128
　　　ブレード　夏帽子————128
　　　フエルトの帽子————129
　　　皮の帽子————129
　　　布地の帽子————130

あとがき………………………………………………………………131

索引……………………………………………………………………133

Chapter 1.
帽子いろいろ―こんなにあるの―

帽子をかぶりたい。でも、ひとくちに帽子といってもじつに様々な種類があります。そこで、はじめにいつでもどこでもかぶれるポピュラーな帽子と、ちょっとおすましのおしゃれな帽子を紹介しましょう。

1. ハットとキャップ

Hat
【ハット】

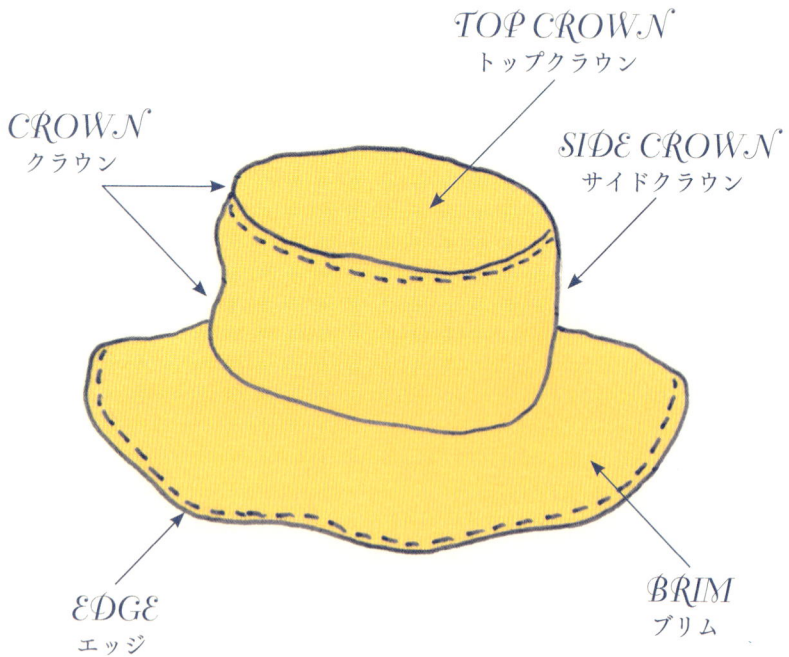

BRIM（ブリム）のある帽子は Hat

Chapter 1.
帽子いろいろ

【キャップ】

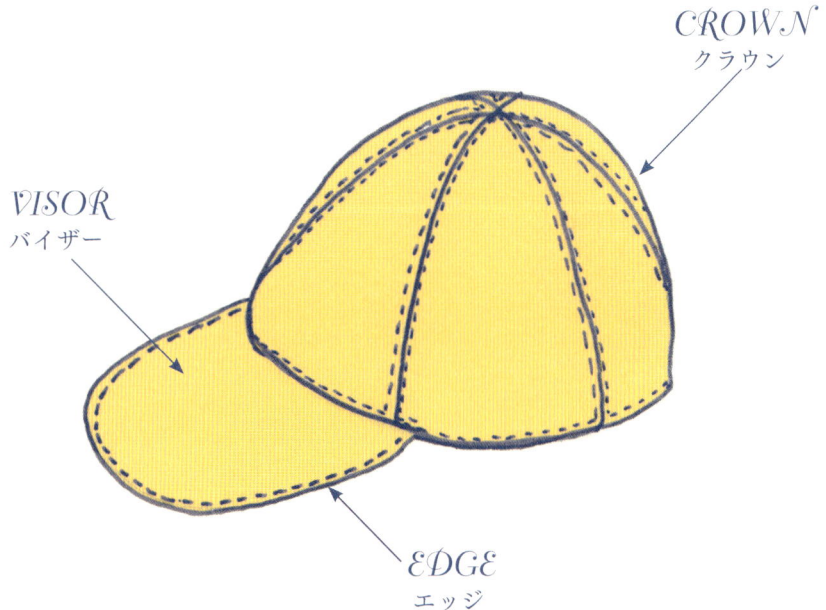

VISOR（バイザー）のある帽子はCap

2. いつでもどこでも

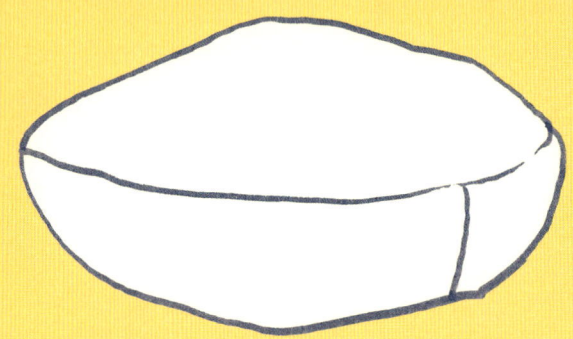

Beret
【ベレー】

Beretは小さくてポピュラーな帽子。だから帽子だけが目立つということがなく、顔をはっきり強調させるから効果大
Beretは色や大きさによりイメージが大きく違うから面白い。

髪の色に近いと自然
面長の人は濃い色を目深にかぶるとやさしく、ふっくらさんは淡い色だとBeretが大きくみえて逆に顔が小さくみえます。

Chapter 1.
帽子いろいろ

Casual

ベレーを後ろにかぶり
顔のまわりに円をつくると少女のよう

Elegant

髪を全部入れて
水平にかぶるとエレガント

Mannish

斜め（あみだ）にかぶると
動きがでて活動的

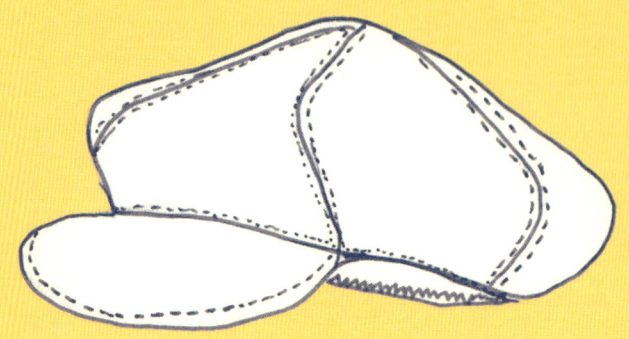

Casquette
【キャスケット】

Casquette は男の子の帽子。
でも女の子がかぶるとコケティッシュでかわいい。クラウンが大きいので小顔にみせることができる。小さめのバイザーが特徴。

バイザーの裏が鮮やかな色を使ってあるとアクセントになって good。
肌の色みに合わせるとなじみやすい。

Chapter 1.
帽子いろいろ

ラインが斜めになるように
顔の輪郭をはっきり出して

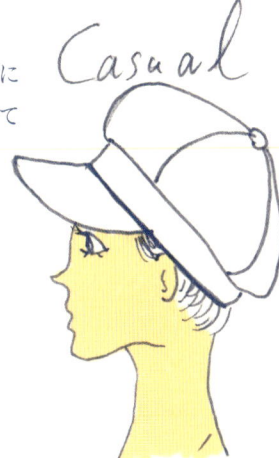

バイザーを折り上げて

バイザーを下げて深くかぶる

13

Kepi
【ケピ】

ヨーロッパの駅員さん、郵便屋さんなどの制帽としてポピュラーな帽子。

バイザーがついているベースボール・キャップとの違いは、頭部にゆとりがあること。トップクラウンがふくらみ、円柱形や角柱形なのが特徴。

Kepiはカジュアルにもエレガントにもマニッシュにもかぶれる！

Casual

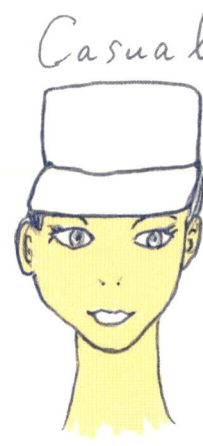

目ぶかにかぶって
バイザーのラインと目とを平行に。
鼻を頂点とする三角形に

Elegant

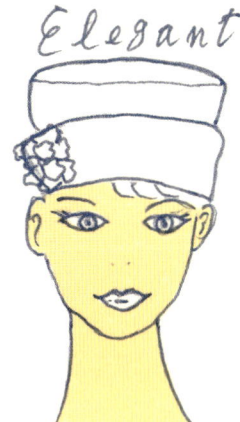

バイザーを上に折り上げて
大きめのブローチやコサージュ
を付けるとエレガントに

Mannish

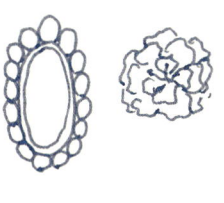

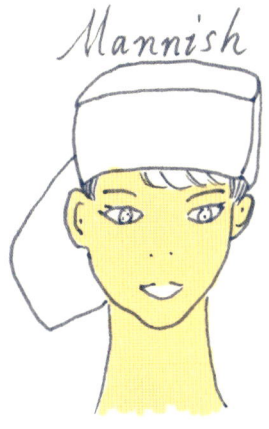

バイザーを斜め後ろにしてかぶると
いたずらっ子な少年のよう
マニッシュに。

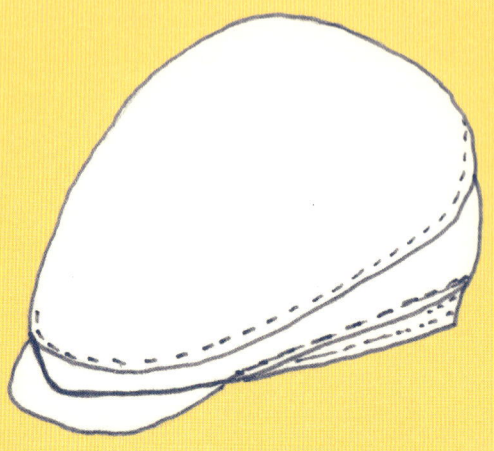

Hunting
【ハンティング】

Huntingは、男の子のポピュラーな帽子。
バイザーも狭く顔の幅と大きさがあまり変わらないシンプルな形。Hatのように帽子をかぶっているといった印象はないけれど、髪の部分が違う素材だから視線はそこへ。

キュっとしまった印象を与えるから最初の一歩に好適！
いつでもシンプルにおしゃれにみえる帽子。

Chapter 1.
帽子いろいろ

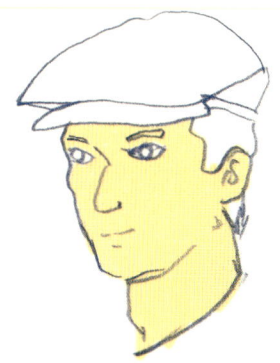

ハンティングはハンターが好んでかぶった帽子。
1950年代〜60年代に若い男性のあいだで大流行。
今でもポピュラーな帽子のひとつ。

ウール、コットン、皮革…そしてこのごろは夏用に麻と
さまざまな素材によって季節を問わず
また老若男女だれもがかぶれる帽子。

頭の後ろのラインと前のブリムの先が
水平になると粋でかっこよい。

バイザーが下り、後ろが上がると少しニヒル。
バイザーを上げると少年っぽくなる。

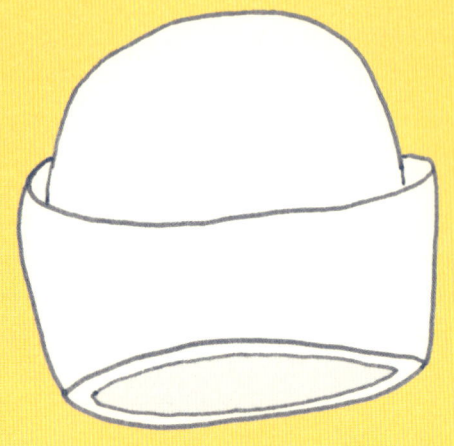

Watch Cap
【ウォッチキャップ】

Watch capの代表格はニット帽。
トップにボンボンがついていたら"正ちゃん帽"と呼ばれるポピュラーな帽子。
クロゼットに眠っているお帽子をおしゃれに変身させよう。
顔の形にあわせて大判のハンカチーフやスカーフを使ってちょっとアレンジ。
シンプルな帽子だから、何とおりものかぶり方ができて面白い。
男の子も髪が短かったり、頬が大きく感じたら、折り上る部分にハンカチを2㎝〜4㎝幅に細く畳んで、間にはさめば二重マル。折り上げた部分にボリュームをつけると、小顔に見える。ニットキャップを重ねてかぶるのはマル！

Chapter 1.
帽子いろいろ

頬よりお帽子が小さく感じたら
ブリムにハンカチを入れてボリュームを出す。
はば広く折り返すと good！

くるくる端から丸めて折り上げると優しい印象
頬やえらが気になる人はハンカチ一枚を細く折って、
間に入れるとボリュームがでて OK！

ニットキャップの上に
お気に入りのスカーフを巻いてターバン風に。
スカーフの色とニットキャップの色を合わせて
額(ひたい)の部分から水平に後ろでしばっても good！

端を折り上げずに伸ばしたまま
少し額寄りにたるみをつけてボリュームを出す。
面長(おもなが)さんやニットキャップが長すぎたら
頭の先を後に折り下げてピンブローチを付ければ good！

19

Capeline
【カプリーヌ】

シンプルなCapelineは1つあると便利。
お洋服は、パンツスタイルでもフェミニンなワンピースでもOK。
かぶり方で変身できる。ブリムの形が自由にできる。
少し、張りのあるものを選ぶのがこつ。布製、麦わら、麻ブレード、フェルトなどがあるけれど、布製なら真冬を除いて一年中かぶることができる。
日ざしの強い時はブリムを下げて、スポーツにはブリムを上げる。
色は、お洋服に合わせやすく、顔になじみやすい色がgood。
ベージュ、モスグリーン、オレンジのオークル系なら一年中OK。

Chapter 1.
帽子いろいろ

明るく、すっきりかぶるには
後ブリムを下げて斜め、あみだかぶり。
ブリムの中間くらいから
前を折り上げて丸いラインを出す。

前に深くかぶり、後ブリムは水平に。
前のブリムは下向きラインをだして
額を波打ちさせてウェーブを出すと
優しい印象に。

片側におもいっきり寄せて
額のラインを水平になるよう折り上げると
きりりと目を強調。

3. ちょっとおすまし −おしゃれな帽子たち−

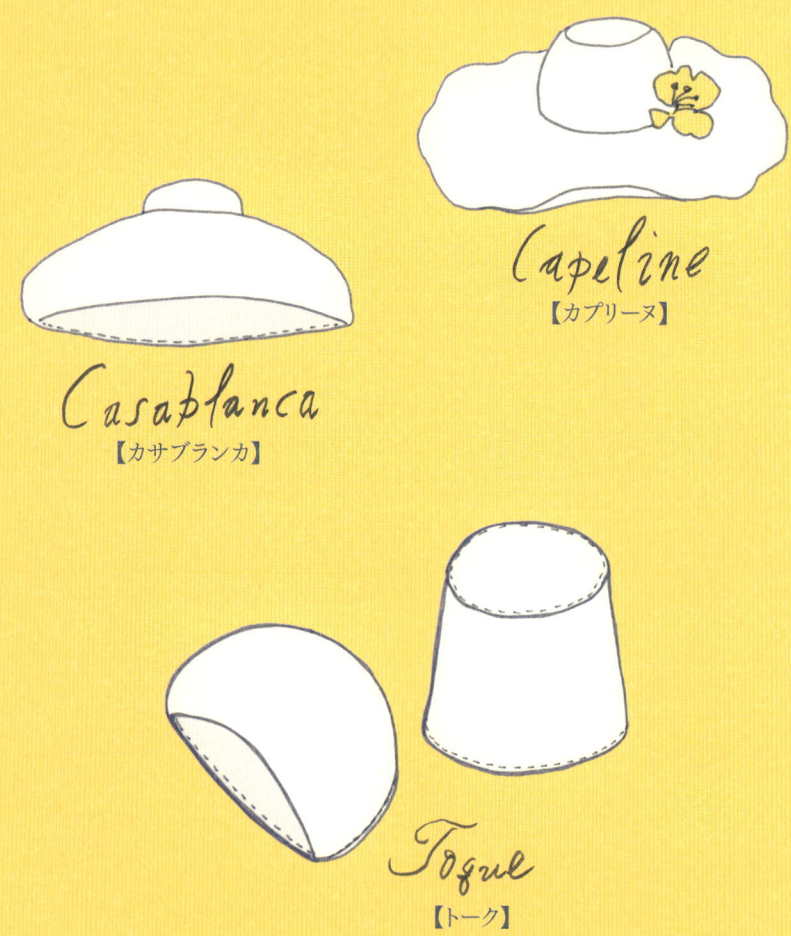

Casablanca
【カサブランカ】

Capeline
【カプリーヌ】

Toque
【トーク】

Chapter 1.
帽子いろいろ

Pill box
【ピルボックス】

Turban
【ターバン】

Bonnet
【ボネ】

Breton
【ブルトン】

※それぞれの帽子の紹介はchapter4-1にあります。

Sailor-hat
【セーラー】

Cloche
【クローシェ】

Chasseur
【シャスール】

Sombrelo
【ソンブレロ】

Chapter 1.
帽子いろいろ

Tengallon hat
【テンガロンハット】

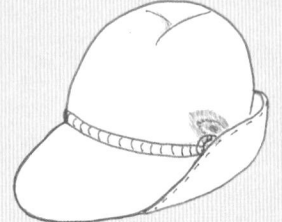

Tyrolean hat
【チロリアン】

HonBurg
【ホンブルグ】

Pork Pie
【ポークパイ】

Soft-hat
【ソフトハット】

Canotier
【キャノチエ】

Panama hat
【パナマ】

Hanting
【ハンティング】

Chapter 1.
帽子いろいろ

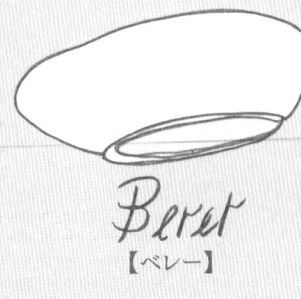

Beret
【ベレー】

Beaver hat
【ビーバーハット】

Top hat
【トップハット】

Bowler hat
【ボウラーハット】

Chapter 2.
かぶりたい帽子が一番！

帽子をかぶりたい。でも、どれが似合うかわからない。そんなあなたに、似合う帽子の形をレクチャーします。

一つの帽子もかぶり方を工夫するだけでいろいろ変身できるから面白い。

まずは帽子ではじめるオシャレのヒントやコツを伝授。さらに、色で遊んで上級編のテクニックに進んだら、もうこれで、帽子のオシャレは自由自在。

1. まずはかぶってみよう

【あみだ】

ブリムを上げると帽子のフチが弧を描き
柔らかくてやさしくみえる。
ちょっぴり、あどけなさを感じさせる。
ブリムとあごのラインで円を描くから穏やかな印象。

Chapter 2.
かぶりたい帽子が一番!

【水平】

顔を横切るようなラインをつくると目鼻が強調され、
顔もはっきりみえる。
ブリムを目深にかぶると影がでて、
個性的な凛とした印象で大人っぽい。

2. はじめて選ぶとき

かぶりたい帽子が一番。
でも何を選んだらいいかわからない時のヒント

自然に見える帽子の選び方　タイプ別

★**華奢で細い人**には、ブリムのやや小さめの帽子

★**ふっくら女性的な感じの人**には、ブリムのやや大きめの帽子

★**すらっと背の高い人**には、全体的にやや大きめの帽子

★**小柄な人**には、全体的にやや小ぶりの帽子

背が高くすらっとしていてブリムの大きめの帽子が似合うからと、いつも大きな帽子ばかりかぶっていられない。小柄だから小さな帽子がバランスが良いけれど、たまには、大きな帽子もかぶりたい。そこで、ちょっとしたコツを！

Chapter 2.
かぶりたい帽子が一番！

20世紀初頭のタイプ別おしゃれのヒント
（Vogue 1917より）

3. 帽子は形も大切

顔の幅と比べて

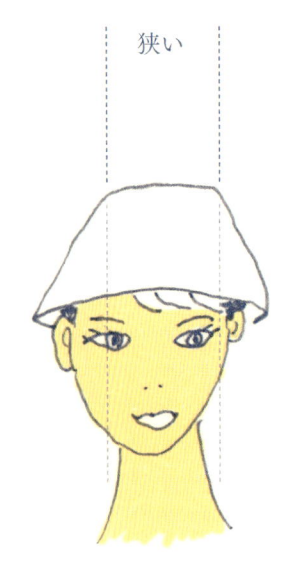

狭い	同じ	広い
ほほがふっくら してみえる	だ円形 面長にみえる	あごがシャープ にみえる

Chapter 2.
かぶりたい帽子が一番!

クラウン(帽子の山の部分)の形と幅

帽子を選ぶ場合、もっとも基本的なポイントは、「クラウン(山部)が顔の形と同じようなもの」であること。顔の形に合わせて…

★**丸顔の人**は丸いクラウンの帽子

★**顎(あご)やえらが少し張った四角い顔の人**は、角張ったクラウンの帽子

★**顔の大きい人**は、クラウンの横幅が顔の幅より広いもの
頬(ほお)がほっそり見えるため、顔がスマートに感じられます。

★**顔が細長い人**は、クラウンの横幅が狭く浅いお帽子でふっくらと華やかな印象に

ブリムの大きさ(帽子のつばの部分)

ポイントはクラウンの幅

★**小さい顔の人**は、ブリムが小さいお帽子でインパクトを

★**顔の大きな人**は、ブリムの大きいお帽子で小顔に

❖顔の形別　似合う帽子のヒント

【面長】

高さのない帽子を
深めに
平らにしてかぶる

【丸顔】

顔を出して
クラウンをみせて
長さをだす

【逆三角形】

小さめのキャップで
頭を小さくみせると
顔がふっくらみえる

【三角形】

やわらかい素材で
大きくクラウンの
深いもの
そして目深にななめにかぶる

【四角い】

ブリムがアシンメトリーな帽子なら
さらに個性を発揮
クラウンは浅めで
少し角張っているもの

【大きい】

クラウンは顔の幅より大きく、
ブリムは大きくて
動きのあるのがよい
カプリーヌなどを斜めにかぶる

4. TPOもいろいろ——季節や作りで選ぶ帽子

【春・夏・秋・初冬の帽子】

しっかりした生地で仕立てられたコットン・ブレードの帽子は、ブリムを折り上げたり、下げたり自由自在。カジュアルにもエレガントにも。コンパクトに畳めてとても便利。

Chapter 2.
かぶりたい帽子が一番！

コットン素材で仕立てられたお帽子は、季節を問わず便利。カジュアルな装いに、さらにオシャレ感プラスに効果的。

ウール、うさぎでつくられたカサブランカ。明るい色の帽子なら、顔にほんのり優しいシャドーを。ブリムが大きいので軽い素材を選んで。

絹素材のトーク帽は、ちょっと大人っぽい。頭と顔を小さく見せて視点は顔へ。室内でも、かぶったままで大丈夫。パーティーもOK。エレガントにもマニッシュにも。

【春・夏・盛夏・初秋の帽子】

ストロー・ブレードの帽子。イタリア製が最高級といわれるのは、細かく編まれているのでブリムが自由自在だから。春の到来から初秋まで、さわやかな印象。

透かし模様のある草素材の夏帽子。トップクラウン(クラウンの天井部分)が凹んでいるのでポークパイ型。草素材でブリムが真っすぐな帽子を日本では"カンカン帽"といった。

Chapter 2.
かぶりたい帽子が一番！

ブンタールで編まれたポーク・ボネ。耳のうしろから頬（ほほ）にかけて包みこむような帽子の型は、しっかり陽射しをガード。コンパクトにくるくる丸めてバックに！

パナマは染めにくいけれど、シゾール、ブンタールはきれいな色に染められ、型くずれもしない。後ろブリムを上げて正式に、ダンディーに。シャツ・スタイルでもオシャレ感アップ。

【秋・冬・初春の帽子】

うさぎの毛製のセーラー・ハット。ファー・フェルトは軽くてやわらかい。エレガントな帽子。

アンテロープのファー・フェルトはフェルメット型。厚手のコートや毛皮にも負けないボリューム感。北風からもしっかりと身を守り、かつエレガントに。

手足の長いウールとアンゴラの布（織物）でつくられたクロッシェ。

ビーバー素材のファー・フェルトのトーク帽。エレガントにシックにかぶってみたい。小さいものは、室内でかぶっても大丈夫。

Chapter 2.
かぶりたい帽子が一番！

ツィード製の中折れ帽。紳士の帽子のお約束。後ブリムを折り上げると、きちんとした印象。折り下げるとカジュアルに。

毛足の長いウールのチェック製。トップクラウンの真中が凹んでいる中折れ帽子。

ウール素材のタータン(織物)。6枚接ぎでふっくらと仕立てられたタモシャンター。

5. あなたにあった帽子のサイズ
――帽子別サイズの測り方

帽子のかぶり方による測り方の違い

①水平に測る

測り方：耳の上1〜2cmくらいの場所を1周水平に測ります。

- ●本パナマ
- ●ソフトハット
- ●チロル
- ●ハンチング＆ベレー
- ●キャップ
- ●テンガロンハット

Chapter 2.
かぶりたい帽子が一番！

②斜め（あみだ）に測る

測り方：額の上部、耳の上、後頭部の下部を斜めに1周測ります。

- **カジュアルハット** _____
- **ハット** _____
- **ターバン** _____
- **トーク** _____
- **キャスケット** _____

【大きさを知るポイント―1】

大きすぎると、帽子がうごいて格好悪い。
でも小さいと、帽子を取ったときに額に痕がついてしまうので注意。
耳の上の頭(こめかみ部分)と帽子の隙間に人差し指の先が入るくらいがちょうど良い大きさです。

【大きさを知るポイント―2】

自分の頭のサイズをきちんと知っておくと便利。でもそれは、あくまでも目安です。
実は、その帽子の「帽体」や「木型」があなたの頭のかたちにあっているとはかぎらない。
だから、サイズは、あなたと同じでも、小さかったり、大きかったり感じるはず。
0.5cm刻みでサイズがありますから、試してみて下さい。

【大きさを知るポイント―3】

さて、それでもしっくりこなくて迷った場合。
少し大きいかな?と思うサイズにして、サイズ調整用の紐を帽子と内側のリボンとの間に挟んで下さい。
帽子を買うとき、お店の人に聞くと、たいがい調整用のふわふわしたスポンジ製の紐を入れてくれます。もしもお店になければ、保冷剤を包んだり、コンポー用の衝撃を防ぐシートなどを1cm位の幅で、リボンと帽子の間に挟むと調整ができます。「ふすまの隙間テープ」なども便利。シールで留めたりしないで、髪型によって大きくなったり小さく感じたりするので、いつでも取り外しできるようにしておく。
包帯を二つ折りにして巻くのも、汗を吸収してくれるから、汗かきさんにはマル。

Chapter 2.
かぶりたい帽子が一番！

■婦人帽と紳士帽のサイズ

日本表示	SS	S	M	L	LL
婦人帽(cm)	54.5	56.0	57.5	59.0	60.5
紳士帽(cm)	53.5	55.0	56.5	58.0	59.5

■SML表示の日本製と外国製サイズ表示

サイズ表示	日本製	外国製
S	55cm	55~56.5cm
M	56.5cm	56.5~58cm
L	58cm	58~59.5cm
LL	59.5cm	59.5~61cm

■外国表示（インチサイズ）と日本の表示サイズ

日本の表示(cm)	51	52	53	54	55	56	57	58	59
イギリスの表示（インチ）	$6\frac{1}{4}$	$6\frac{3}{8}$	$6\frac{1}{2}$	$6\frac{5}{8}$	$6\frac{3}{4}$	$6\frac{7}{8}$	7	$7\frac{1}{8}$	$7\frac{1}{4}$
アメリカの表示（インチ）	$6\frac{3}{8}$	$6\frac{1}{2}$	$6\frac{5}{8}$	$6\frac{3}{4}$	$6\frac{7}{8}$	7	$7\frac{1}{8}$	$7\frac{1}{4}$	$7\frac{3}{8}$

6. ちょっと実践───かぶり方でこんなに違いが
洋服は選ばない。どんな洋服でもOK!

ベレーをかぶってみる

ベレーをななめに寄せて

ハンティング風に

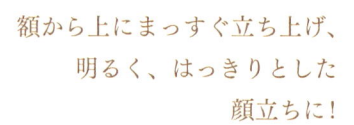

額から上にまっすぐ立ち上げ、
明るく、はっきりとした
顔立ちに!

Chapter 2.
かぶりたい帽子が一番！

ベレーに空気を入れて
ボリューム・アップ！

女の子も男の子も同じベレー

ニットキャップをかぶってみる

黒のニットキャップの上から
迷彩のニットキャップを重ねて

フォークロア・キャップ

黒のニットキャップの額の部分を、
前ブリムのように、ひさしを出して、
ストライプのニットキャップを重ねて

Chapter 2.
かぶりたい帽子が一番！

タモシャンターをかぶってみる

ななめに…

深くかぶって…

ボリュームは後頭部へ…

キャスケットをかぶってみる

こちらはブリムを
折り上げて

紳士の夏帽子をかぶってみる

Chapter 2.
かぶりたい帽子が一番！

紳士の帽子も、
リボンの色や素材を替えて、
何とおりも楽しんで

チロリアンをかぶってみる

トップクラウンが山になっているから、
別名=ピーターパン・ハットとも。
まっすぐかぶって正統派。
ななめにかぶってキュートに。

紳士の冬帽子をかぶってみる

紳士の帽子の基本は、
耳の上から額まで水平にかぶること。

ブレードをかぶってみる

ブレードはブリムが自由自在

Chapter 2.
かぶりたい帽子が一番!

夏用の帽子をかぶってみる

アシンメトリーな帽子は、
おもしろさを強調して、
水平かぶりに

ブリム・ダウンで
陽射しをカバー

キャノチエをななめに、水平に

カサブランカをかぶってみる

水平かぶりでエレガントに！

あみだでキュートに！

ななめかぶりでカジュアルに！

Chapter 2.
かぶりたい帽子が一番！

ブルトン・セーラーをかぶってみる

ブルトンの正統派は、
少し目深にエレガント

エレガントなブラックで正装に…

セーラーハットの変形は、
きれいに巻いたブリムを強調して
水平かぶり。
ブラウンはやわらかい印象

トーク、ターバンをかぶってみる

トークは水平かぶりで
オーソドックスに

ターバンで小顔にみせて…

Chapter 2.
かぶりたい帽子が一番！

変わった帽子をかぶってみる

ヨーロッパ製の昼用帽子は
陽射しをしっかりガード。
こんなにお顔にシャドーが

7. 忘れてはいけない…色選びの1, 2, 3
――明度・彩度の違い

色で軽やかさを演出

A

どちらが軽く見える？　明るい色の方がかろやかにみえるでしょ。これは、色の特性として明度が高いと軽くみえ、明度が低いと重くみえるから。

Chapter 2.
かぶりたい帽子が一番！

B

だから明度の高いAは、明度・彩度の低いBより軽く感じられるわけ。

| 顔を小さくみせる色？

ペール・トーン
―高明度・低彩度―

淡い色は膨張色といわれ、帽子は大きくみえるから、対比で顔が小さくみえる。もう一つの色の特性。淡い色は軽く感じる。だから、帽子が高い位置に感じられ、背が高くみえる。

Chapter 2.
かぶりたい帽子が一番！

ディープ・トーン
―中明度・中彩度―

ディープな色は、肌の色になじみやすい。だから、どのような顔の人にも違和感がない。また、黒や白より、ずっと小顔にみえる。

シックにエレガントに

ミルキーホワイト、
アイボリー

パールグレー　　　　　グレイッシュなベージュ

無彩色のホワイト、ブラック、グレーは、鮮やかな色ではないけれど、人目をひくオシャレな色。

Chapter 2.
かぶりたい帽子が一番！

グレイッシュな
ネイビーブルー

ブルーグレイ　　　　　グレー

シックに、エレガントにきめるには、グレイッシュなこの色をマスターしなくちゃいけない。

自分の肌の色にあわせて

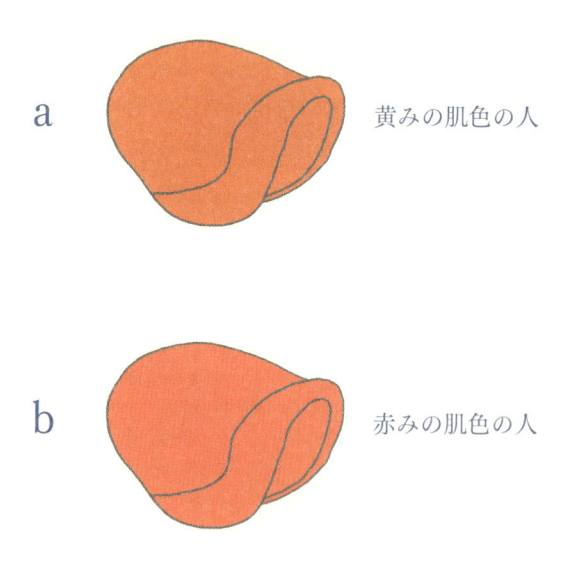

a　　　黄みの肌色の人

b　　　赤みの肌色の人

aとb 似たような色だけれど微妙に違う、aは黄みがかった肌の人に、bは赤みがかった肌の人に最適。

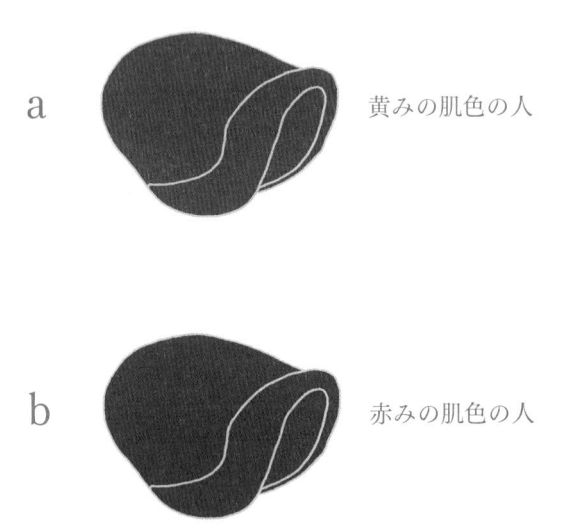

Chapter 2.
かぶりたい帽子が一番！

a 　黄みの肌色の人

b 　赤みの肌色の人

自分のてのひらを見てチェックして。あなたはほんのり赤み？　黄み？

優しい色合い優しい顔立ち

やわらかい光
―春・秋・冬―

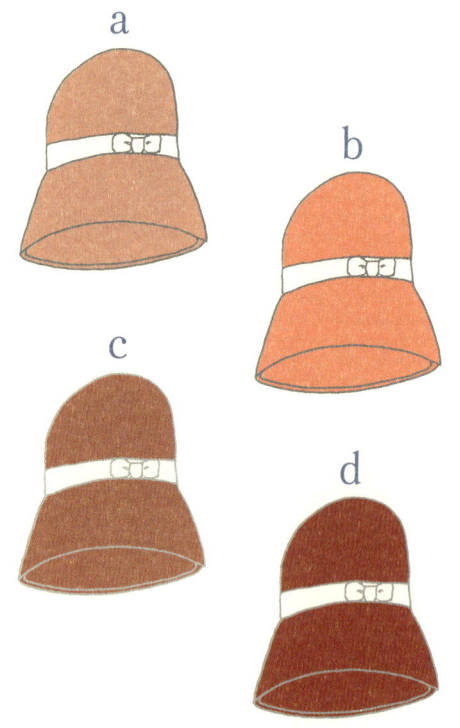

a

b

c

d

aはサーモンピンク
bはオールドローズ。19世紀末の英国で流行した貴婦人の色。ソフト・ピンクとも。
cは代赭色
dは小豆色。彩度の低い黄みの赤。
a〜dは、どれも黄色い光を含んだ色だから、お顔にやさしいシャドーがかかる。

Chapter 2.
かぶりたい帽子が一番！

グレイッシュトーン
―春・夏―

e

f

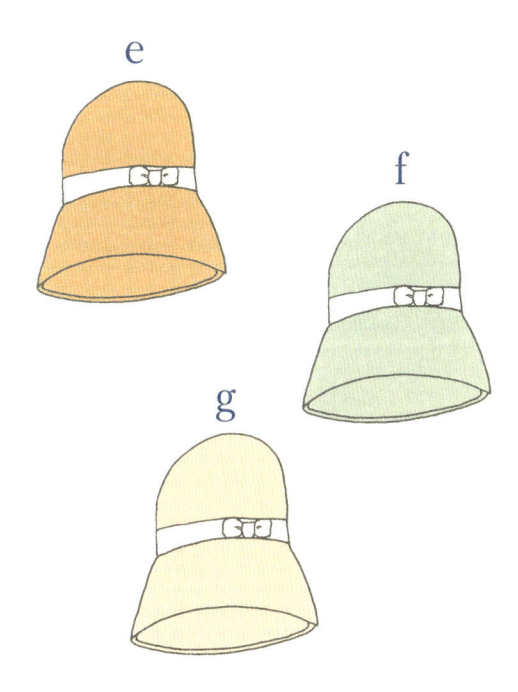

g

e~gは、黄色の光にグレーを混ぜて春から夏のやさしい色。

ブラウン系もいろいろ

A

Aは赤みの肌の人に似あうブラウン系、Bは黄みの肌の人に似あうブラウン系の色。
日焼けしていて、よくわからないという人は、自分の眉毛や瞳の色をチェック。
その時は、もちろん自然光（太陽の光）の中で確認。

Chapter 2.
かぶりたい帽子が一番！

B

眉毛や瞳の黒い人はA、茶色の人はBが似合いやすい。
女の子は、チークの色を、Aはローズ、Bはオレンジ系にして、どちらも上手に
かぶってしまおう。

二つめ三つめは色の冒険を

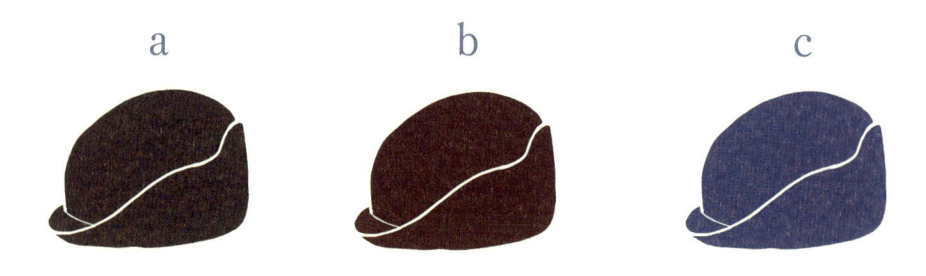

a　　　　　　　　b　　　　　　　　c

黒や茶色は無難な色。二つめ、三つめの帽子は、色の冒険をしてみたい。
だからといって、赤・黄・緑では色が浮いてしまい、ちょっといただけない。

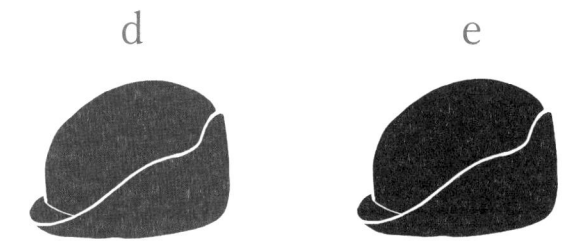

Chapter 2.
かぶりたい帽子が一番！

d　　　　　　　　e

そこで明度は中くらい、彩度を高めにストロングトーン。暗くて濃い色ながら、インパクトがあって印象的に。

洋服をひきしめる

アクセントカラー

オーソドックスなハットには、アクセント・カラーとして高彩度や、明度の高いリボンをつけて遊んでしまおう。ダークなカラーの帽子に、きりりときれいな色のリボンで挿(さ)し色。男の子こそ、こんなきれいな色を使ってほしい。

Chapter 2.
かぶりたい帽子が一番！

帽子の色を、ソックスのラインやベルト、バックに使うと、縦線が強調され、すらっと背を高くみせることができる。

羽の色やリボン紐の色まで

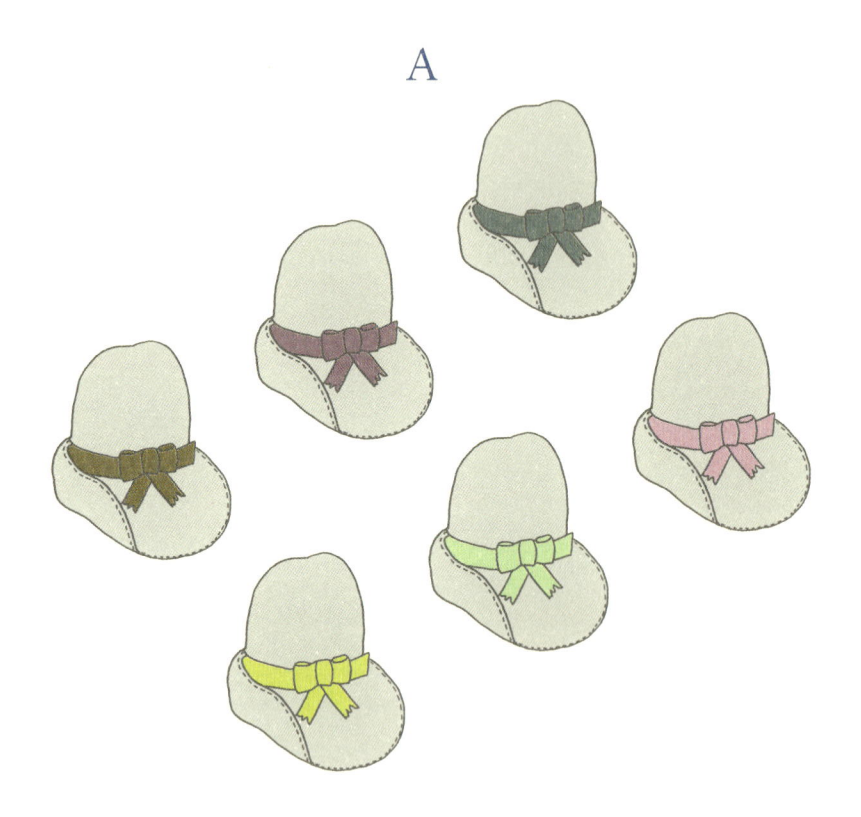

A

Aは、落ちついたライトグレイッシュ・トーン、つまり明度が高くてグレーが混ざった色。だから、やさしく、やわらかい印象。

B

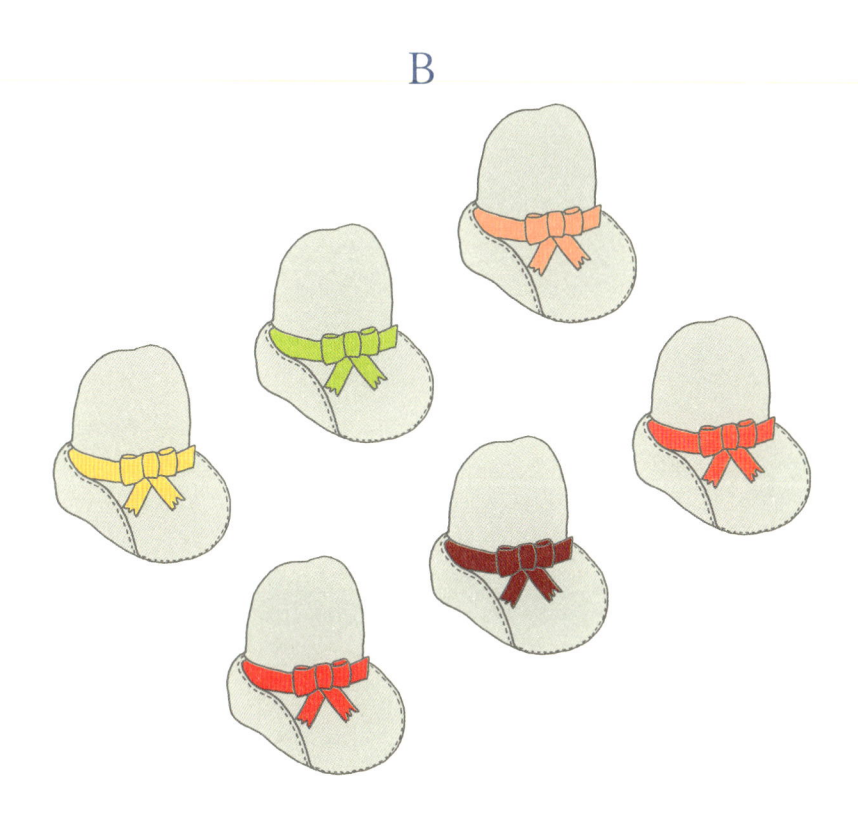

Bは、ブライト・トーン、つまり高明度、高彩度。だから、はっきり、明るい印象。リボンの色で、1つの帽子が何とおりものイメージになる。いくつかの替えのリボンで、オシャレを楽しんで。

Chapter 3.
お隣さんにちょっと差をつけちゃおう

こまで紹介してきたのは帽子の選び方、かぶり方の基本です。帽子のかぶり方はさらに奥が深く様々。ここではファッション雑誌やファッションプレートから帽子のかぶり方のヒントを紹介します。

1. 『ヴォーグ』でおしゃれのヒントを

1 横長のブリムの内側と
ショールの色を合わせて
オレンジに。
2 中世女性の先が尖った
円錐形の帽子　エナン
3 タモシャンターは、ク
ラウン部分がたっぷりと
したベレー

| Chapter 3.
お隣さんにちょっと差をつけちゃおう

1 VOGUE(1916年8月)
2 VOGUE(1916年2月)
3 VOGUE(1915年)
4 VOGUE(1916年5月)
5 VOGUE(1916年1月)

4 ターバンに透けるベールを付けてドレスアップ
5 ブリムの大きな帽子は脱いで、小さな帽子はかぶってお話。

1 昼間のお出かけは、ブリムの広いストロー・ハット
2 20世紀初頭には、用途に応じてハンティング、トップハット、キャノチエなど種類も豊富に
3 東洋に魅せられてエキゾチックなターバンが流行。

Chapter 3.
お隣さんにちょっと差をつけちゃおう

4 先の細く尖った帽子　エナン

1 VOGUE（1916年5月）
2 VOGUE（1916年広告）
3 VOGUE（1922年）
4 VOGUE（1917年12月）

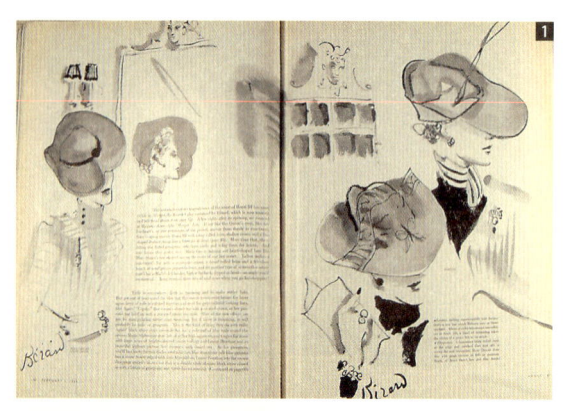

目深にかぶって、お顔を小さく魅せる。
この頃はお帽子のデザインも発達、種類
も多く帽子デザイナーの最盛期。

Chapter 3.
お隣さんにちょっと差をつけちゃおう

帽子は、レース、羽根、リボン、
コサージュの飾りが必須

1 VOGUE（1936年2月）
2 VOGUE（1936年5月）
3 VOGUE（1916年1月）
4 VOGUE（1916年2月）
5 VOGUE（1916年2月）
6 VOGUE（1935年6月）
7 VOGUE（1935年6月）

1〜7：文化女子大学図書館蔵

column—❶　帽子のエチケット

室内で帽子は脱がなくてよい理由

「女性は、室内でもお帽子をかぶっていてよい」とはよく聞く話。でも、そもそもなぜ、女性は帽子を室内でかぶっていてよくて、男性は脱がないといけないのか。

　帽子は「被る」といいます。被るは頭を覆うということ、逆の場合、帽子を「はずす」といわず「脱ぐ」という。つまり、帽子は衣服と同じで、人前で脱ぐものではない。だから、女性は帽子を被ったままでも許されるのでしょうか？ 脱ぐということは、あまりに私的なことだから？

＊

　実はこの風習、単に私的なことだからというわけではなく、遠く中世ヨーロッパの慣習にまでさかのぼります。当時、キリスト教の教会では、女性は頭をベールか帽子で覆うことが義務づけられていました。そして神の前では頭を覆うというこの風習が、そのまま宮廷の正式の儀式にもあてはめられるようになったのです。女性は、帽子を脱がなくてもよいのではなく、実は頭を覆う帽子をかぶらなくてはいけないというのが真実。

一方、男性はどうであったかというと、男性の正装にも帽子は必須でした。でも男性は自分より身分の高い人の前では帽子を脱がなくてはならなかったのです。家臣たちは、王の前では帽子を脱ぐことになります。しかし、帽子を脱いで挨拶がすんだら、帽子を被ることを位の高い者から勧められました。つまり許可されたらかぶってもよいことになっていたわけです。帽子をかぶらなければ、宮廷内での正装の秩序は成り立たなかったのですから。

*

男女のマナーの違いは、男性は帽子を取って挨拶をしなくてはいけないけれど、女性は帽子を取らずに挨拶をすることでした。もしかしたら、帽子を取って挨拶をしなくてもよかったことが、時代を経ていまでは、女性は、いつでも帽子をかぶったままでよいということになったのでしょうか。

$\mathscr{2}.$ ファッションプレートからエレガントを

羽根飾りを立て、リボンを立てて縦線を強調。

二人の帽子は、色違い。帽子のブリムの内側、ドレスの胸、そしてパラソルの内側には、ポイントカラーの赤。

Chapter 3.
お隣さんにちょっと差をつけちゃおう

男女とも同じ形のトップハットに、淑女はリボンを付けて

ポーク・ボネは、後頭部から包み込む形でお顔が見えません。
日差しからしっかりガード

スカート丈が短くなり、女性も活動的になるとお帽子もコンパクトに。

Chapter 3.
お隣さんにちょっと差をつけちゃおう

小さな帽子に羽根飾り。大きな羽根ほどゴージャス。シンプルなドレスには、コサージュやリボンのように甘くならない羽根飾りが人気

帽子の生地の質感を大切に、ベルベットや毛足の短い毛皮が好まれたのもこの頃から

野の花をたっぷりあしらって自然を
愛する心をアピール。

Chapter 3.
お隣さんにちょっと差をつけちゃおう

ホンブルグハットなどのクラウンの柔らかいソフトハットがハードハットの略帽として登場。20世紀には、紳士の装いに定着

※Chapter4-2の図版は全て著者所蔵のものです。

column—❷ 帽子のエチケット

帽子としぐさ

——その1：忠誠を誓うしぐさ

　紳士は、どんな時でも自分より目上の人には、必ず帽子を脱いで挨拶(あいさつ)をしなくてはいけないのが決まり。中世ヨーロッパの騎士が、羽根飾りのついた帽子を右手でうやうやしく脱ぎ、弧を描くようにして下げて、左手を胸にあてて深く挨拶をする。実はこの仕草、「帽子の中に武器になるようなものはなにも隠していません」と証明し、なおかつ「貴方(あなた)様を深く尊敬申し上げます」という気持ちも相手にアピールしている。その後、近代の軍隊では、帽子は弧を描くことなくまっすぐ胸に、あるいは帽子を脱いでそれを持った手を上に挙げるようになる。こうして、これが、いつしか忠誠を誓うしぐさとなったわけです。

——その2：かぶらず小わきにかかえて…

　17世紀末から18世紀にかけて、ヨーロッパで鬘(かつら)が流行し、貴族たちは正装に縦ロールの鬘を用いました。この鬘、その後、白髪の鬘がおしゃれとされるようになっていくのですが、白髪の人毛は少ないので、その代用品として鬘に白い髪粉をふるのが流行ります。そんな鬘に帽子をかぶったら粉だらけ。でも、帽子がなくては正装にならない。そこで考案されたのが、小脇に抱えやすくクラウンがひらべったい帽子です。「かぶることはできないけれど帽子は持っていますよ」とアピールし、大きな鬘にかぶったらそれは小さくて不釣(ふつ)り合いなぺちゃんこの小

さな帽子を、レースやフリルのついた、たっぷりとした衣服の小脇に抱えていたというわけです。このころからでしょうか？男性が室内で帽子をかぶらないということになったのは。

──その３：「やあ、どうも」

「やあ、どうも」と紳士が右手をあげる。「ようっ」なんて言うときも右手の指を頭の横に立てたりして…。この仕草、帽子のエチケットに由来していると私は考えている。以下、帽子をかぶった男性の挨拶の仕方をみてみましょう。

もっとも丁寧(ていねい)な挨拶は、帽子を胸に会釈(えしゃく)すること。先輩や上司、自分より地位の高い人に会ったとき。右手で帽子を上からつかみ、脱いだ帽子を胸にあてて深く会釈する。次に丁寧なのは女性や年輩の知人などで、右手でつかんだ帽子を顔の前に持ってくる。その時、眼より下に下げて会釈するのが礼儀。さらに簡単になると、頭から帽子をはずしたのがわかればよしということで、帽子をつかんだ右手を下げることなくそのまま会釈する。もっと簡単になると、帽子を少し頭から浮かせればよろしい。そのうちに、指の先で帽子をちょっと持ち上げればよくなり、さらにくだけて、帽子に手がふれるだけでよくなった。こうして挨拶も簡略化されていき、その名ごりが、はじめの「やあ、どうも」の挨拶になっていったと思うわけ。仕草と関係深いのはちょっと前まで紳士の外出に帽子は不可欠だったから。

Chapter 4.
帽子をさらに楽しむために

わたしたちが、普段ショップで目にすることができる帽子には限りがあります。でも、まだまだ帽子にはたくさんの種類があり、帽子の歴史は流行のくり返しでもあります。知らなかったクラシックな帽子がいつのまにか流行しているということもあるのです。

1. ちょっとクラシックな帽子たち

Capeline
【カプリーヌ/カプリン】

ブリムが広く、クラウンの上は平ら。おもな素材はフェルト、ストロー、布など。季節を問わずかぶられる。広く大きなブリムが描く弧のラインが、やわらかさを印象づける。18世紀末、日よけ目的を兼ねた装飾性の高い帽子として流行。羽根、コサージュ、リボン、ピンブローチなどをたくさんつけて、こんもりとお皿に盛った果物やデコレーションケーキのように華やかに演出。イギリスのアスコット競馬では、今も華やかな帽子の淑女がみられる。

Chapter 4.
帽子をさらに楽しむために

Casablanca
【カサブランカ】

ブリムが大きく下に向かって下がり、端が内側に入るのが特徴の帽子。ストロー製、フェルト製がある。曲線がやわらかさを感じさせるが、顔全体にシャドーがかかるのでシックな印象に。映画『カサブランカ』でイングリット・バーグマンがかぶっていたので有名になった。

Toque -1
【トーク①】

トルコの男性がかぶっている帽子＝フェズ〔Fez〕の型からトルコ帽（＝トーク）とよばれる。植木鉢をさかさにしたような型で、水平にかぶってクラウンの高さを強調したり、後頭部寄りにかぶりエレガントに。フォーマルな帽子として、ヨーロッパでは、18世紀に、室内で男性がかぶりだしたのが、そのはじまり。

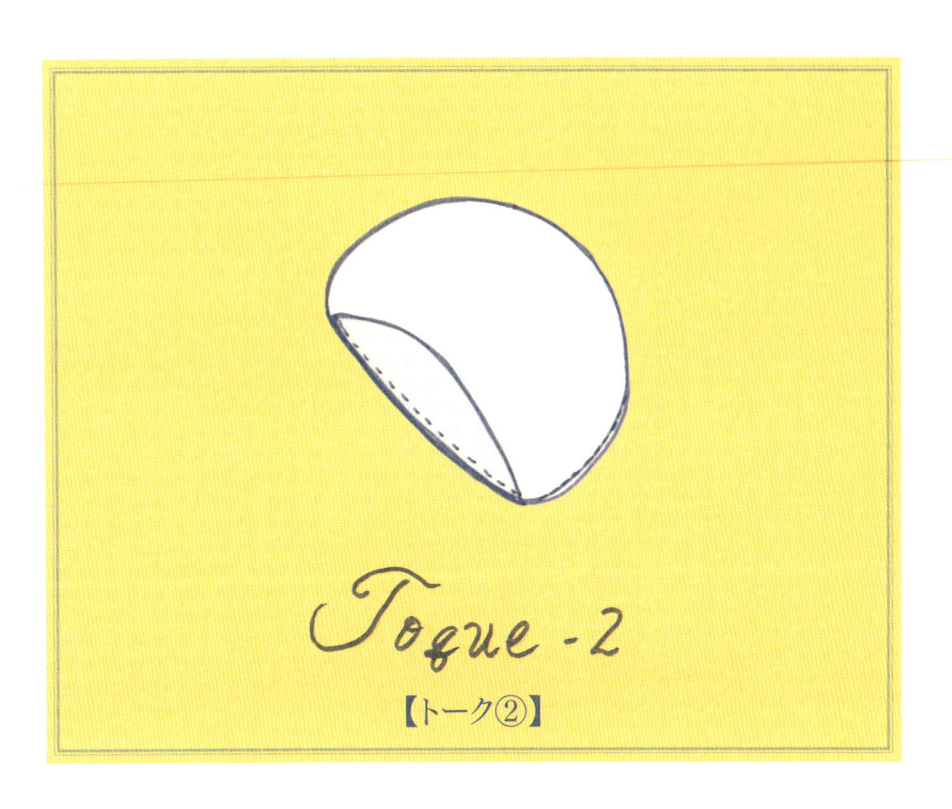

Chapter 4.
帽子をさらに楽しむために

Toque-2
【トーク②】

1950年頃から、トーク帽の角が丸みをおびて、頭全体をゆったりと包む型が出てくる。素材によりイメージが大きく変わる。ボネとトークの中間の型。すこしフォーマルな型。また、髪のシニヨン（髪をまとめておだんごを作る）にかぶせる小さなトークをCache-chignonとよぶ。

Pillbox
【ピルボックス】

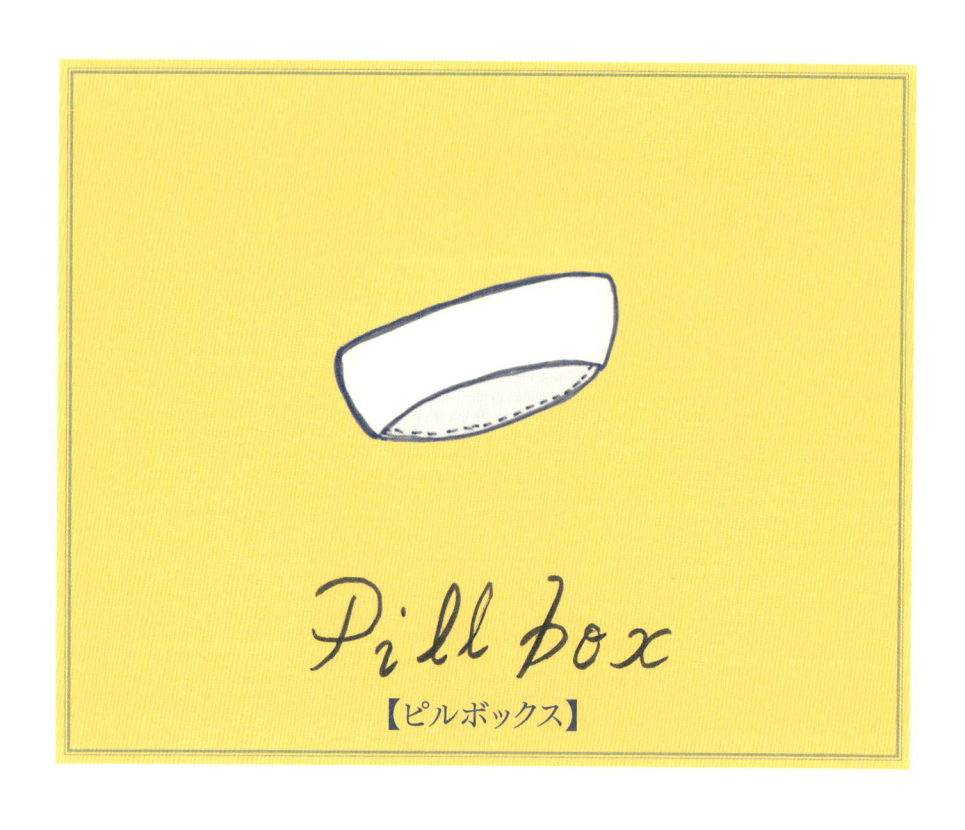

型の由来は"ピルボックス"というその名のとおり、小粒の丸薬を入れる容器。浅くて丸い箱のようにクラウンが極端に薄くつくられ、きちんとした印象を与えることから、正式な装いとしてかぶられることが多い。水平にかぶるので、やや堅い印象。

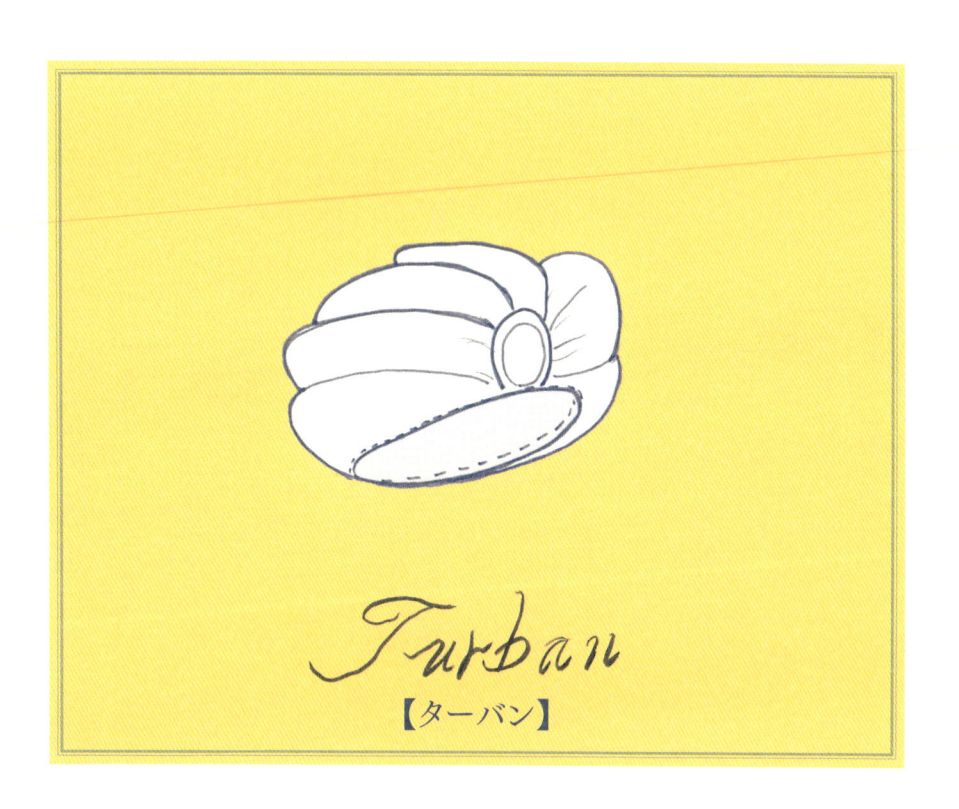

Chapter 4.
帽子をさらに楽しむために

Turban
【ターバン】

頭全体を、やわらかい布で巻いたような型。インド、ペルシアなどで、男性が頭に布を巻きつけるかぶり物からヒントをえた。ターバンは、18世紀末、ナポレオンのエジプト遠征のときにフランス軍が持ちかえったとされ、19世紀初頭から女性に愛用された。現代の女性ファッション史上でもいく度か流行。

Bonnet
【ボンネット／ボネ】

後頭部から頬をおおうようにブリムがつけられ、帽子全体で頭から顔までつつみ込むような型。1815年頃から、女性が散歩をしたり、昼間に外出するとき、乗馬をするときなどに、日よけや雨よけにかぶられたストロー製の帽子から発展したもの。20世紀になると、フェルト製のボンネットが、女性の日常的な帽子の定番として広がった。ワンピースからスーツまで、はば広くかぶることのできる帽子。

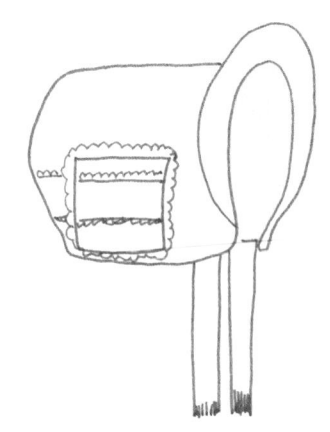

Chapter 4.
帽子をさらに楽しむために

Poke Bonnet
【ポーク・ボネ】1815-25
ストロー製。顔から帽子が突き出していることから、あるいは帽子の奥に顔があり、顔を見るには、帽子の中に突っ込まないと顔が見えないことから、Poke（突き込むの意味）と名づけられた。

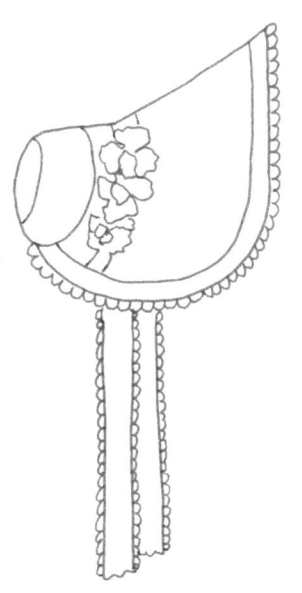

Loghorn Bonnet
【レグホン・ボネ】1830-35
レグホンは、イタリア北部の港。ストローの最高級品を輸出。

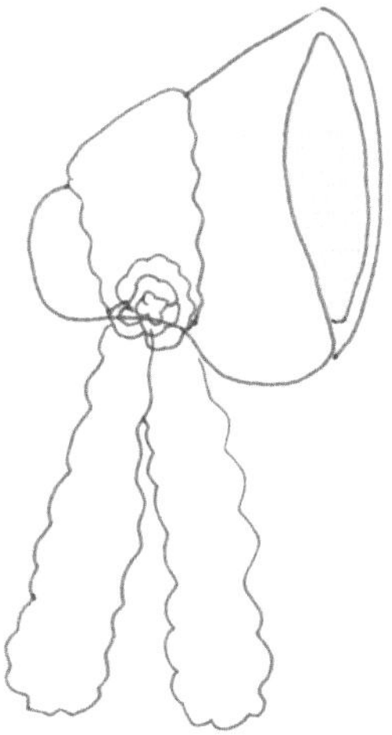

Bonnet
【ボネ】1840～
顔を両脇から包み込むような帽子の型をボネという。現在でも女性の帽子の中で、ポピュラーな型、布製、ストロー製、フェルト製など素材もいろいろ

Breton
【ブルトン】

前ブリムの幅が上向きに広く折りあがった型。ブルトンとは、"ブルターニュ人""ブルトン語"の意味で、フランスのブルターニュ地方の男女がかぶっていた帽子の型から、この呼び名になった。20世紀初頭に、頭を小さく見せるファッションが流行。季節を問わず、スーツにも、ワンピースにもあわせやすいポピュラーな帽子。

Chapter 4.
帽子をさらに楽しむために

Sailor-hat
【セーラー】

海軍の水兵がかぶっていたこの型から、ブリム全体が上向きに折りかえった帽子をセーラー・ハットと呼ぶようになった。夏はコットン製、ストロー製でカジュアルな装いに、またフェルト製の帽子は、年間を通してきちんとした装いに用いる、ポピュラーな型。

Cloche
【クロッシェ／クローシェ】

クラウンが深く、ブリムは顔にそって下向きに下がった型。クロッシェとは"鐘"の意味。釣り鐘状の型からこう呼ばれる。古くはギリシア・ローマ時代の兵士の帽子に、この型が見られる。20世紀、アール・デコの時代、頭を小さく見せるため、ボブヘアーにクロッシェを目深にかぶるのが大流行。

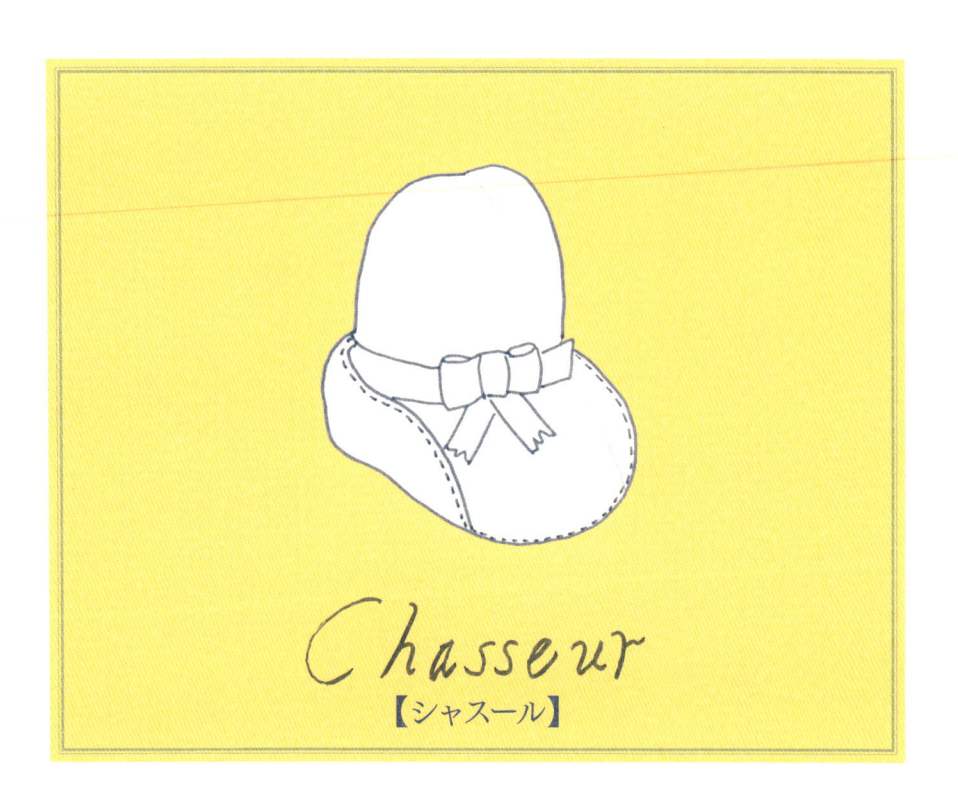

Chapter 4.
帽子をさらに楽しむために

Chasseur
【シャスール】

前ブリムは、やや下向きかげん、横から後ろブリムを折り上げた型。チロリアン・ハットやロビンフット型の総称。シャスールとは"狩人"の意味で、20世紀以降、狩りの時に好まれてかぶられたスポーティーな帽子をこのように呼ぶ。1930年以降、女性のスーツにあわせる帽子として、フェルト製だけでなく、ツィードなどの生地でもつくられるようになった。

Sombrelo
【ソンブレロ】

スペイン、メキシコでかぶられるおなじみの帽子。ブリムが広く、端でそり返るクラウンの高い型。ソンブレロは、スペイン語で"帽子"の意味。ストロー製、フェルト製がある。ちなみに外気温が40度以上になる気温の高く蒸し暑いところでは、クラウンが高い帽子が適している。クラウンの部分の体積が大きいと、そこに体温と同じ温度の空気を保つので涼しい。

Chapter 4.
帽子をさらに楽しむために

Tengallon hat
【テンガロンハット】

カウボーイハット（Cowboy Hat）のひとつ。高めのクラウンに、横が折りかえったブリム。アメリカ西南部のカウボーイがかぶっているフェルト製の固い帽子は、テンガロン（=10ガロン）の水を汲んでも水漏れしない丈夫さから、この名がある。スペイン語の「紐、編む」を意味するgalónに由来するという説もある。テンガロンハットは、ニュージャージー出身の帽子職人ステットソン（J. B. Stetson, 1830-1906）が考え出した帽子で、飾りひもをあしらったことから、名前にスペイン語を使ってTen Galónと命名したが、後に、このスペイン語のgalónが、英語のgallonと置き換えられて広まったともいう。

Tyrolean hat
【チロリアン・ハット】

イタリア、スイス、オーストリアにまたがる山脈一帯、チロル地方の人々が愛用している帽子にちなんだ名前。フェルト製で、後ブリムがそり上がる。コード(紐)飾りに羽根がついたものが定番。欧米では男女共用のポピュラーな帽子。日本では弁護士、建築家などの自由業の男性が好んでかぶった。別名：ピーターパン・ハット。このチロリアン・ハットの型に、リボンやコサージュをつけてアレンジしたものはシャスールと呼ばれ、女性のスーツなどにあわせる。

Chapter 4.
帽子をさらに楽しむために

【ホンブルグ・ハット】

横のブリムがそり上がり、クラウンの上から前面にかけて少しへこんだ中折れ型。フェルト製。名前の由来はドイツのバート・ホンブルクという町。帽子や皮革製品の製造で有名なこの町で作られたソフト帽を"ホンブルグ"という。19世紀末に、イギリス皇太子がホンブルグでかぶり、イギリスで流行した。それ以降、紳士の帽子の定番。

Pork Pie
【ポークパイ】

クラウンの上部がへこんで"ポークパイ"に似ていることからこう呼んだ。フェルト、ストロー、布などで作られ、男性がスポーツ用に愛用したカジュアルな帽子。19世紀にはいって、紳士服もスポーツ用、バカンス用などのカジュアルな装いからビジネス用、フォーマル用などへと用途が広がるにつれ、帽子に使われる素材の種類も増えた。とはいえ、紳士は周りと歩調を合わせなければならない。かぶっていると目立たないが、帽子を取ってあいさつすると一番目立つクラウン、ここに一ひねり、他人と違った拘りをみせたのでしょう。

Soft-hat
【ソフトハット／ソフト帽／ボルサリーノ】

クラウンがへこんだ中折れ型。フェルト製でやわらかいので、ソフトハットと呼ばれる。紳士の帽子としてハードに堅くしっかり、型くずれしないように作られたハード・フェルト・ハットの山高に比べ、やわらかいことから、こう呼ばれる。別名：ボルサリーノ。アラン・ドロンとジャン・ポール・ベルモンドが主演した映画『ボルサリーノ』(1969年) に出てくる、イタリアの帽子店「ボルサリーノ」にちなむもの。

Canotier
【キャノチエ／ボーダー】

水平ブリムに円筒形の平たいクラウンがついている。キャノチエとは"漕ぎ手"の意味。ベネチア名物ゴンドラの漕ぎ手がかぶっている帽子にちなんだ呼び名。ゴンドラーやボーダーという別名もある。ボーダーも英語で"漕ぎ手"の意味。日本では、明治のころから"カンカン帽"と呼ばれ、紳士の帽子として広く愛用され、洋装にはもちろん、夏のきものにもあわせてかぶられた。

Chapter 4.
帽子をさらに楽しむために

Panama hat
【パナマ・ハット／パナマ帽】

夏の紳士の帽子の定番。麻のスーツにカチッとしたパナマをかぶれば、まさに紳士の装い。パナマとは、熱帯地方に産する椰子（ヤシ）に似た植物が原料。名称の由来は、パナマ市から出荷されたからとも、パナマ運河を建設中の労働者がかぶっていたからともいわれるが定かではない。エクアドル、コロンビアなどの「トキヤ草」が本物の素材。しかし、ストロー以外の植物繊維で編まれたこの型の帽子も一般にパナマ帽と呼ぶ。紙を植物繊維の糸のように撚（ねん）ったペーパーパナマも多い、これは汗や雨など水に濡（ぬ）れると型くずれしやすいのが難点。

Hanting
【ハンティング／鳥打帽】

平らなクラウンの前面に小さなブリム。19世紀末、イギリスの上流階級の狩猟（ハンティング）で、勢子（ハンターに従って鳥や獲物を追う）がかぶったのがはじまり。そのころ貴族はトップハットをかぶっていた。日本では、明治のころから"鳥打帽"として親しまれている。20世紀、ドライブが上流階級で流行すると、風で飛ばされるシルクハットやボーラーよりも、頭にぴったりしたハンティングが好まれた。その頃流行したゴルフでも、ハンティングとニッカーボッカーがゴルファーの定番。一枚天井が正式。とくにクラウンがふくらんだ型をキャスケットと呼ぶ。キャスケットはフランス語で"狩猟"の意味。

Chapter 4.
帽子をさらに楽しむために

Beret
【ベレー】

クラウンが丸く平らで、一枚の毛織物で作られる。"バスクベレー（Basque beret)"と呼ばれる。フランスとスペインとの国境近く、バスク地方の人々がかぶっている帽子にちなむ。バスクベレーそのものは、バスク地方の僧がかぶった四角い帽子が、農民の間にも広まって型ができあがったといわれる。
ベレーは第一次大戦中、フランス兵が愛用。イギリス皇太子でのエドワード３世（後にウィンザー公）が公式な場でベレーをかぶったことにより、イギリス国内でベレー人気が沸騰。第二次世界大戦の英雄、モンゴメリー将軍がKangolのベレーをかぶりはじめたことでブームが再燃。それ以来、ポピュラーな帽子の仲間入り。

Beaver hat
【ビーバー・ハット／トップ・ハット】

クラウンの高い円筒形。総称はトップ・ハット。紳士帽の代表格。時代によりクラウンの高さや、ブリムのそり返りも違う。16世紀の終りから流行したビーバーの毛皮で作られた帽子が、この円筒形クラウンの帽子のはじまりとされる。日中はグレーやブラウン、白がかぶられ、黒は夜会用に。19世紀の初め、ビーバーが絶滅の危機に瀕し、この頃からシルク素材を用いた"シルクハット"が登場。正式な紳士の装いに、このトップ・ハットは欠かせない。色は黒が最も正式とされる。しかし、イギリスのアスコット競馬の観戦には白が定番。クラウンの高さは15〜19cmがポピュラーだが、30cmをこえるものもある。

Chapter 4.
帽子をさらに楽しむために

Top hat
【トップ・ハット】1410〜
筒抜けの帽子

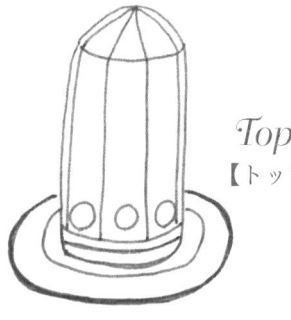

Top hat
【トップ・ハット】1580〜

Womens hat
【ウーマンズ・ハット】1585〜
スペインモード。この頃、この型は女性も愛用。
19世紀初頭には、紳士淑女に愛用された型。
1823年には"オペラハット"と呼ばれる折りた
たみ式クラウンのトップハットまで作られた。

Bowler hat
【ボウラーハット／山高帽】

丸く半円球を描くクラウンと、ハードに作られた横のブリムがそり返る。この型の帽子をイギリスでは"ボウラー"、アメリカでは"ダービー"、フランスでは"ムロン"（メロン）、そして日本では"山高帽"と呼ぶ。16世紀、John Hawinns卿が、トップハットのクラウンを短く、丸い型にしてかぶったことから、紳士の帽子として定着。アメリカで"ダービー"と呼ばれるが、1780年イングランドのエプソン競馬で、ダービー伯がかぶったからとか、あるいはアメリカのダービーで騎手がかぶっていたからなど諸説あるが、16世紀頃からかぶられている型を1850年に洗練させ、正装に用いられるほどきっちり作った帽子職人ウィリアム・ボウ

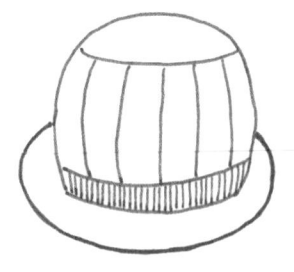

Chapter 4.
帽子をさらに楽しむために

Bottle Bowler
【ボトル・ボウラー】1581
フランスではMelon

ラー氏（William Bowler）の名前から帽子の名称になった。英国の老舗では、帽子をつくった職人に敬意を称して今もダービーではなくボウラーハットと呼んでいる。

　狩猟用にシルクハットをかぶっていた貴族の紳士たちは、19世紀、ボウラーハットが登場すると、これをかぶって狩猟に出た。もちろんこの型は、紳士だけでなく淑女も乗馬や外出用にかぶった。この丸いクラウンのボウラーハットは、ライザ・ミネリが映画『キャバレー』でかぶっていたことから"キャバレー・ハット"として有名。19世紀末には、紳士の帽子に仲間入りし、正式の装いにはトップハットのシルクハットまたはボウラーハットが用いられる。しかし、現在は準礼装。日本では"山高帽"と呼ばれ、明治・大正の紳士の帽子として定着。

column—❸ 帽子のエチケット

女性が帽子を脱がなくてはいけない場合

　女性は室内でも帽子をかぶってよいとされています。しかし実際には、なかなかそうはいきません。日除け用として発達した大きなブリムのものは、室内では脱ぐのがエチケット。一般に「広いところでは帽子を被ってよいけれど、狭いところでは脱ぐ」ともいわれますが、場所の広さの問題ではありません。では、帽子をかぶっていてよい場合、脱いだほうがよい場合のポイントとは…

Point-1 デパートや電車の中や駅のように公共の場で靴を履いたまま歩き通過する場所は、クロッシェやブルトンなどのブリムの小さいお帽子、またはカプリーヌでもあまりブリムの広くないものならOK。

Point-2 博物館、美術館などもOK。でも、まわりのじゃまにならないように…

Point-3 観劇などの場合は、ロビーではOK。でも席についたら、ピルボックスやトークのような顔より小さいもの以外は脱いだ方がよい。

Chapter 4.
帽子をさらに楽しむために

Point-4　どんな時でも、セレモニーのときは、自分の顔より大きな帽子は必ず脱ぐ。

Point-5　靴を脱いだら帽子も脱ごう。

Point-6　神社仏閣の拝殿(はいでん)などでは帽子を脱ごう。

Point-7　そして臨機応変に…

　セレモニーの時、西洋の文化では、女性は神聖な場面では髪を覆(おお)わなくてはいけないから帽子をかぶりますが、日本の文化では、女性は帽子をかぶってはいけません。なぜなら、被りものは寒さや暑さ、埃(ほこり)から防ぐために手ぬぐいや布、傘(かさ)などを一時しのぎにかぶったものだから。臨機応変にといっても、やみくもに帽子を脱いだりかぶったりしているわけではないのです。そこにはきちんと伝統的なルールがあるのです。伝統のルールを知らないと、エチケット違反のつまみ者。おしゃれは、なんと言っても洗練されて格好よく、粋(いき)でなくてはね。

2. お気に入りの帽子を長く綺麗に
――お手入れの方法

ブレード（ひもで編んだ帽子） 夏物帽子 （パナマや麻などの帽子）

普段から、気をつけること。

1. 家に帰ったら、ヨゴレがないかチェック
   普段は、軽く編み目やリボンにホコリがつかないように気にしていれば、Good。
2. 手あか、脂などがついていたときは、あわてずイギリスパンかバケットの中身でこすり取ること。間違ってもバターロールやブリオッシュなどの卵やバターの多いパンは使わない。脂が移ってしみになってしまいます。
3. 汗をかいた日には、帽子の内側をお湯で絞ったタオル（色落ちしないよう注意。できたらいつも使っているタオルが安心）で押さえるようにしながら軽くたたいて汗の成分をタオルにしみ取らせる。
4. 乾いたタオルで良く拭き、かわかす。
5. 形を整えて平らなところに置き自然乾燥（型くずれした場合、キッチン用のペーパータオルをつめて、形を整えると良い）。

注：**お気に入りの帽子を来年もさわやかに。**
夏の終わりには、特に注意。汗をかいて、そのまま乾いてしまうと汗で黄ばんだり、赤く焼けてしまいますから。3、4、5のお手入れを忘れずに、これで安心。

フエルトの帽子

ホコリがつきやすいので、日ごろから洋服ブラシをかける。なければエチケットブラシでホコリを取る。ビーバーなどの毛足が長いものは、時計と反対方向にブラシをかけます。軽い汚れはパンでこすり落とします。ひどい場合は、ベンジンでふき取るといわれますが、あまりお奨めしません。かえってシミになったりして、目立ってしまうので。

皮の帽子

表皮もブラシでほこりを取るのが一番。でも汚れていたら、ぬるま湯で石鹸液を作り、ハンドタオルを使って落とし、そのあと石鹸分が残らないようにお湯拭きして、乾いてから皮用クリームで油分を補います。スエードは、ブラシ(豚毛が柔らかくて○)でホコリをとって、それでもヨゴれ部分が目立つようで気になったら、生ゴムの消しゴムで擦ってみる。でも色落ちすることが多いから必ずめだたないところで確認すること。毛羽がつぶれたら金属のブラシで起毛させますが、わざわざ買わなくても新しい歯ブラシでOK。

布地の帽子

軽くたたいてホコリをはらう手入れが一番。また、木綿やポリエステル混紡の無地や総柄の帽子なら、あらかじめ、帽子の中側のめだたないところで濡れタオルで拭いて試してみる。輪染みなどできないようだったら、洗っても大丈夫。中性洗剤でざぶざぶ洗って、バスタオルですぐに水気をふき取り乾いたタオルを帽子に詰めて、風を当てればOK。

でもシルクやファーフェルトの上等の帽子は、上から糊をかけているから、水にあたるとシミになるので要注意。帽子の中側のめだたないとこに濡れタオルで拭いて試して、輪染みなどできないようでしたら、帽子の内側をお湯で絞ったタオル（色落ちしないよう注意。できたらいつも使っているタオルが安心）で押さえるようにしながら軽くたたいて汚れの成分をタオルにしみ取らせる。もしも脂汚れなどがあって気になったら、薄い石鹸水で絞ったタオルで拭いて、その後綺麗な水で絞ったタオルで帽子の布地をはさむようにして、石鹸分が布地に残らないようにする。そして、乾いたタオルで良く拭き、乾かし、陰干しに。

あとがき

このところ、帽子が面白い。
これまで、日除け目的の帽子か、大人の紳士淑女のための高価なものに比重がおかれていた帽子売り場の店頭にも、最近は、いろいろな種類の帽子がリーズナブルな価格で並ぶようになってきました。
この帽子、小さいけれど存在感があって、シャツやセーターにジーンズといったラフな装いでもドレスアップが可能なのです。というより、むしろラフな格好に合わせるからおしゃれに見えるといえるかもしれません。たとえば紳士の帽子の代表格ソフトハットも、誰でもかぶることができます。女の子らしい装いにも意外と似合って新鮮なのです。
さて、帽子はいつごろからかぶられていたのでしょうか。もちろん日除けや雨風除けに古くからあったことは確かで、今からおよそ5000年位前から、すでにエジプトで帽子はかぶられています。社会が発達するにしたがって、こうした実用の目的だけでなく、地位や職業などをあらわす識別のために「かぶりもの」の役割

が重要になりました。その歴史が、現在の帽子の形やマナーなどに影響を与えているのです。

本書では、帽子をかぶるためのノウハウ編、実用編であることに重点をおき、私の拙いイラストを交えて、おもに現在、一般的によくかぶられている帽子をとり上げました。そしてその帽子にまつわる歴史的な出来事やマナーにも触れました。まずは、本書を参照しながら、実際に皆さんに帽子をかぶって愉しんでもらいたいと思っています。帽子が市民権を得るためにも？おしゃれに格好良くかぶってください。

最後になりましたが、モデルを引き受けて下さった、学生さんの眞田君、真子ちゃん、桃子ちゃん、るなさん、本当にありがとうございました。また、本書を出版するにあたり東京堂出版ならびに同社編集部の堀川隆さんにはお世話になりました。ありがとうございました。

伊豆原 月絵

索　引

あ
アクセントカラー………76
あみだ(かぶり方)………30, 45
ウーマンズ・ハット………123
ウォッチキャップ………18
エッジ………8, 9
エナン帽………82, 85

か
カウボーイハット………113
カサブランカ………22, 38, 58, 101
カジュアルハット………45
カプリーヌ／カプリン………20, 22, 100
皮の帽子(手入れ)………129
カンカン帽………40
キャスケット………12, 45, 52
キャップ………8, 44
キャノチエ………26, 118
キャバレー・ハット………125
クラウン………8, 9, 35
グレイッシュトーン………71
クロッシェ／クローシェ…24, 42, 110
ケ　ピ………14

さ
サイドクラウン………8
シャスール………24, 111

　
正ちゃん帽………18
紳士の夏帽子………53
紳士の冬帽子………55
水平(かぶり方)………31, 44
ストロー・ハット………84
セーラー………24, 42, 109
ソフトハット………26, 44, 95, 117
ソンブレロ………24, 112

た
ターバン………23, 45, 60, 83, 105
ダービー………124
タモシャンター………43, 51, 82,
チロリアン・ハット…25, 44, 54, 114
ディープ・トーン………65
テンガロンハット………25, 44, 113
トーク…22, 38, 42, 45, 60, 102, 103
トップクラウン………8
トップハット………27, 91, 122, 123
鳥打帽………120
トルコ帽………102

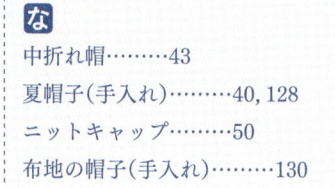

な
中折れ帽………43
夏帽子(手入れ)………40, 128
ニットキャップ………50
布地の帽子(手入れ)………130

は

バイザー………9
バスクベレー………121
ハット………8, 45
パナマ・ハット／パナマ帽………26, 41, 44, 119
羽根飾り………90
ハンティング／鳥打帽………16, 26, 44, 120
ピーターパン・ハット………114
ビーバー・ハット………27, 122
ピルボックス………23, 104
フエルトの帽子(手入れ)………129
ブラウン系………72
ブリム………8, 32, 35
ブルトン………23, 59, 108
ブレード………38, 56, 128
ペール・トーン………64
ベレー………10, 27, 44, 48, 82, 121
ボネ(ボンネット)………106
ボウラーハット／山高帽………27, 123
ポーク・ボネ………41, 91, 107
ポークパイ………25, 40, 116
ボーダー………118
ボルサリーノ………117
ボンネット・ボネ………106
ホンブルグ・ハット………25, 95, 115

や・ら

山高帽………123
リボン紐………78, 79
レグホン・ボネ………107

帽子からはじめるオシャレ

2006年3月　3日初版印刷
2006年3月　5日初版発行

著　者
本文イラスト　伊豆原 月絵

発行者　今泉 弘勝
デザイン　松倉 浩(志岐デザイン事務所)
撮　影　鈴木 友子(p38-p43)
印刷・製本　東京リスマチック株式会社
発行所　(株)東京堂出版
　　　　〒101-0051　東京都千代田区神田神保町1-17
　　　　TEL　03-3233-3741　　振替　00130-7-270

©Tsukie Izuhara 2005 Printed in Japan　ISBN 4-490-20571-6 C2077

★ ★ ★ ★ ★ ★ ★ ★ 続刊のお知らせ ★ ★ ★ ★ ★ ★ ★ ★

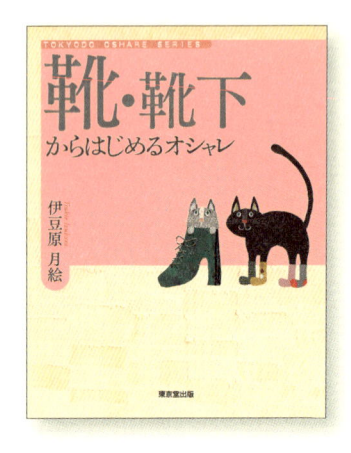

伊豆原 月絵 著
各A5変形・136頁　予価(本体1900円＋税)

★ ★ ★ ★ ★ ★ ★ ★ ★ ★ ★ ★ ★ ★ ★ ★ ★ ★